钢笔画手绘技法

山地建筑

陈恩甲
潘　艳　编绘
邵　为

金盾出版社

内 容 提 要

建筑钢笔画具有简洁、朴实、快捷的特点，要求准确、真实地表达建筑的形体变化、材料的质感及建筑环境的设计或设计可行性。绘画要严谨，同时还要掌握好建筑几何造型、建筑透视学和构图原理等多方面的知识。本书结合以上几点，收录了140余幅山地建筑手绘图和山石写生绘图实例，为读者呈现了不同类型、场所的山地建筑。本书不仅可供钢笔画爱好者临摹使用，也可供建筑设计师、开发商参考选择。

图书在版编目(CIP)数据

钢笔画手绘技法：山地建筑/陈恩甲，潘艳，邵为编绘.—北京：金盾出版社，2015.8
ISBN 978-7-5186-0275-9

Ⅰ.①钢… Ⅱ.①陈…②潘…③邵… Ⅲ.①建筑艺术—钢笔画—技法(美术) Ⅳ.①TU204

中国版本图书馆CIP数据核字(2015)第096484号

金盾出版社出版、总发行
北京太平路5号(地铁万寿路站往南)
邮政编码：100036 电话：68214039 83219215
传真：68276683 网址：www.jdcbs.cn
封面印刷：北京盛世双龙印刷有限公司
正文印刷：双峰印刷装订有限公司
装订：双峰印刷装订有限公司
各地新华书店经销

开本：787×1092 1/16 印张：10.5
2015年8月第1版第1次印刷
印数：1～4 000册 定价：32.00元

前　言

据考证，中国建筑画的形成早于欧洲2000余年，比较专门的建筑画发现于五代及北宋时期，在挖掘的墓室和石窟之中发现了精美的线描彩色建筑画；在汉魏南北朝（公元265年～公元586年）时期，建筑画的表现方法已有了形象立体的立面图和建筑群体的鸟瞰图；到了北宋（公元960年～公元1127年）时期，建筑画已形成独立的画种，对建筑营造法式的构造、构图、施工等技法均有了很大进步，建筑画更加精美，已成为供人欣赏的艺术品和营造建筑不可或缺的设计图纸了。

在我国，毛笔写字、绘画有几千年的悠久历史，但是钢笔画起步却较晚，由于历史和社会进步的原因，至今

仅有一百余年的历史。近些年来，随着社会经济的发展进步，建筑、规划、装饰、雕塑等多专业对钢笔画的青睐，钢笔画技法取得了长足的进步，并且出现了许多优秀作品，涌现了大批著名钢笔画家。绘画艺术和建筑艺术的本质是相同的，存在着某些契合关系，钢笔画的进步极大促进了建筑艺术和设计的进步，令人高兴、欣喜。

钢笔画在诸多绘画学科中是一种比较适用、讲究绘画技法的画种，建筑画讲究画面整体性，讲究形视、神视，准确精细，明暗关系和线条秀美。在建筑画面中建筑是描绘的主体，环境亦是不可缺少的重要组成部分，尤其是风景建筑画就是要讲究诗情画意，山水风景，这是高尚的精神享受。

山地风景建筑绘画有着很强的空间形态特性和原生性，强调环境处理和整体气势，从简单构图到烦琐的细部绘画都对画面有着重要影响，所有的画面内容取舍都要认真分析，脱离山地建筑原始环境不可取，但建筑绘画毕竟是艺术，有必要进行适当筛选，舍掉原始环境中的糟粕，调整建筑画面环境景观艺术，使建筑与环境美相得益彰。

写生建筑钢笔绘画和其他绘画一样，先要认真观察、分析建筑形态、风格以及周围环境；然后选景取景，突出主要部分，又要与次要部分有机结合。用于建筑设计表现的建筑画动手前立意构思，要有章法，最初的阶段也是勾勾画画，打小稿，选择和探索自己熟悉的绘画表现技法，要有思想准备绘画的过程中难免有出错和不理想的地方，画错了再改，改了再错是常有的事，具体问题具体分析，整个过程都要动脑、动手，有耐心和信心反复勾画，才会逐步产生好的画面效果。

需要强调的是：作为绘画者不仅仅有空间的想象、构思能力和熟练的技法，重要的是对绘画带着使命感，带着建筑艺术审美去观察和分析，除此之外，还必须带有感情和欲望来绘画。

中国土地面积有 2/3 是山地，山地面积远大于平地面积，随着我国城镇化的进程，城市的面积越来越大，可耕地面积在逐渐减少。土地是人类赖以生存和发展必不可少的资源，是农业生产及人们活动、衣食来源最重要的物质基础，而土地资源是有限的，合理利用开发山地，拓展生存空间是我们的必然选择。保护好每一寸耕地是全民族的责任。

在我国，山地建造大部分是多层或单层建筑，由于历史的原因，我国经济条件有限，尤其在广大东北农村，土草房尚属多见，经专门设计的楼房很少，本书不是单一的研究钢笔建筑画艺术，而且兼顾解决在设计山地建筑过程中遇到的许多实际问题。

由于工作关系，编者在出差的闲暇之余搜集了不少山地建筑的资料和图片，其中有较多的是住宅、别墅、办公楼、旅馆、饭店及多功能的建筑，也有部分是过去的设计方案。这些资料经编者整理，选择绘画出书，希望对从事山地建筑设计、规划、建房的广大客户以及美术、建筑设计初学者提供参考和帮助。

由于编者水平有限，绘画技巧还有待进一步提高，书中难免有可能存在一些错误，希望广大读者批评指正。

编　者

目　录

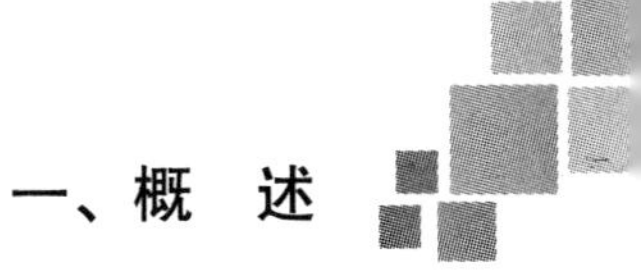

一、概 述

说到钢笔画就要提到钢笔。钢笔的最初功用主要是用来书写，至于钢笔是谁发明的，至今尚无准确考证。但据有关资料记载，钢笔的发明经过了比较漫长的历史，又历经无数次的加工、制作、改良，才逐步形成我们今天所见的钢笔。据传，英国人詹姆士·贝利、英国人犀飞利、美国人沃特曼以及英国人狄克奥等都曾为钢笔的研制和发展做出过贡献。

钢笔除了用于书写之外还可用来作画。历代画家在长期的艺术实践中创造和积累了丰富的钢笔画技法经验，并留下大量具有艺术价值的珍品。比如希施金、伦勃朗、毕加索、马蒂斯、米开朗琪罗等，他们都有精妙的钢笔画作品流传于世。

1. 钢笔画的起源及适用意义

钢笔画，顾名思义，就是以钢笔为绘画工具所绘制的图画。古典钢笔画起源于欧洲，大约在公元12世纪，欧洲人便已经开始使用羽毛笔了。直到19世纪末，钢笔画才发展为独立的画种。钢笔画工具简便，画面的表现清晰、明快，且具有峭拔、刚劲的气质，因此，钢笔画的独特性是其他画种无法媲美的。

真正钢笔画进入中国已有近百年的历史。随着时代的发展和需要，钢笔因其具有极强的表达能力，能准确地表达创作意图的特点，在我国建筑设计等行业颇受青睐。此外，由于钢笔画具有电脑画所不具备的原始艺术魅力，其在美术等诸多专业也都倍受推崇。在这些领域工作的设计师都喜欢用钢笔作画或作方案，因此近年来我国的钢笔画，无论是绘画技法，还是绘画的艺术性、观赏性，都有了极大的提高。

时至今日钢笔画已成为我国很普及的独立画种。并且，钢笔画已不仅仅可用于图书的插图，在装饰画、广告画、建筑画等领域，已有不少的钢笔画家创作了大幅面的钢笔画，突破了传统钢笔画难于做大幅画的瓶颈。当然，目前应用最广的钢笔画还是在建筑领域，我们把这类钢笔画称为建筑钢笔画。

建筑的形体变化是多种多样的,建筑钢笔画主要是对建筑形态进行描绘,并通过对线条的组织和熟练运用钢笔绘画技法,将几乎所有的几何形体的轮廓、体积、空间感、质感、运动感、飘逸感乃至情感等内涵,生动地表现出来。

近些年来,我国钢笔画已不再单纯地拘泥于西洋技法,而是更多地融入了国画技法,比如:勾、皴(斧劈皴、点皴、云头皴等)来画山石,不少画家、建筑师、规划师、装修设计者都十分重视钢笔画的功能及特点,更加丰富了钢笔画技法和表达能力。此外,我国目前的钢笔画在风格和表现手法等方面也日趋多样化,呈现出多姿多彩的局面,这就极大地繁荣了我国钢笔画的创作。

将钢笔画用于写生,既快捷方便,又能更好地表现方案、勾画细节。对建筑师而言,钢笔画不仅仅是设计理念及建筑形象表达的手段,而且在实际的建筑绘画及设计领域中搜集资料、写生、记录和专业间相互沟通配合、绘制草图等方面均提供了诸多便捷,是设计思想表达的理想工具。

2. 山地建筑形态与建筑画理念

钢笔画是用单一的线或点线组合手段来表现物体的造型艺术,只要掌握正确的学习方法,深刻地了解绘画知识,勤学苦练,就一定可以绘出精美的钢笔画作品。在此,我们就以山地建筑形态为例,简要讲解。

(1)山地建筑形态对建筑绘画的意义

就表现图的绘画过程而言,山地建筑形态是人为理念的行为,是由许多范围很广的相关基本要素构成的,原始的自然环境及诸多人为因素都对建筑形态具有一定的约束和规范。对建筑师而言,建筑画是建筑设计的重要过程之一。建筑师所绘的表现图不只是单纯的绘画,而是一个形象思维的创作过程,“贵在创新,意在笔先”是建筑师在绘画前必须要做到的一点。

我们所要的是建筑形体变化的真实性、准确性、技巧性,理想的表现图都是经过认真修改、反复推敲、精炼调整而成。当今,随着社会的进步和发展,人们对建筑表现艺术的多样化提出了更高的要求,而山地建筑有着特定的空间,对建筑设计师来说,画好山地建筑图既是机遇也是挑战。山地建筑设计画和建筑绘画一样，都要经过分析、思考、理解、协调、疏通、处理等各个环节，只有这样，才能进一步挖掘钢笔画的创造性思维，从而表达一个生动形象且适应山地环境的建筑形态。

（2）山地空间变化的特征

山地空间的变化是多种多样的,并且具有鲜明的特征。自然界的山体形象在艺术领域涉及面很广,追求的是天然情趣和回归自然的清纯。而山地建筑的形态就是利用原始自然山地的地形、地貌进行改造的造型艺术,是实体及空间相互依存、变化的产物。山地建筑属于建筑的一个类别,结合山地地形、地貌采取一些技术措施和手段而建造的房屋,且包含必要的附属设施，山地建筑比起平地建筑更加具有明显的个性特征。而运用钢笔画能恰到好处地表现建筑物的内、外空间形态变化,使山地建筑艺术更加丰富多彩。

（3）建筑形体

所谓建筑形体,是指建筑存在于三维空间的变化,呈现出立体、层次纵深的效果,是构成形式美的规律等基本要素的精炼成果。

随着社会的进步和人民生活水平的提高,人们对物质生活水平有了更高的追求,人们喜欢青山绿水,接近自然、融于自然、回归自然,要享受诗画一般的高品位人居环境,因此山地建筑逐渐受到人们的青睐。

据有关资料报道,山地建筑工程造价比平地建筑要高出 15%~30%,尤其是地势复杂的坡地,造价高的主要原因有多种：场地平整挖填、爆破、人工、运输费用；结构复杂,基础、梁板柱的处理；不同地势管网处理复杂多变；道路的桥涵构造处理复杂；边坡挡土墙、组织场地排水、台阶等处理复杂等因素。所以,山地建筑表现画（方案）要讲究科学的综合分析,要真实有依据,不可随意下笔。这是因为建筑表现画是设计的前期工作,表现画其实就是设计方案,它是设计的一部分,因而不能理解为单纯的绘画。

二、原生态山地环境与建筑绘画分析

1. 山地建筑画与原生态山地环境

山地建筑风景绘画离不开建筑，更离不开原生态山水环境。风景美是山水和谐的美，是景物、景象与整体环境形态的美。钢笔画建筑是风景中的建筑，其绘画表现离不开环境对建筑的影响。钢笔画造型能力强，绘画时可以充分发挥其硬朗写意的特点，达到建筑造型与环境的和谐，进而达到人与建筑、环境的和谐。

原生态环境形态美艺术是回归自然的需要，保护好原生态环境是开发建构的原则。因此，我们在绘画山地建筑时，要充分尊重山地的自然形态（地形、地貌、基本植被）等，尽量做到接近和保持原貌。

山地建筑与山地是形与形的关系，即建筑的形态与山形的关系，说到底，是如何组织建筑"接地"形式变化的关系。人们是通过视觉来感知建筑及环境形态，在山地建筑特定的环境下描绘的建筑造型，与其地形、地貌、山高、山势、山位、坡度等都是息息相关的。因此，在绘画山地建筑时，要因势利导，依山、就坡、顺水、顺弯，尽可能地组织好建筑内外空间的渗透及融合关系。

2. 山形地貌与建筑色彩

建筑风景画往往是处在一个地形、地貌比较复杂的环境中，在山势跌宕起伏和林海郁葱间体现出山水美、意境美、画面美。山的形状千变万化，每一座山都有自己独特的形状。一般来讲山的形状大致可分为：山岗形、山堡形、山嘴形、山坳形、坪台形、峡谷形、盆地性等多种。山地坡形分类大概有：平直形、曲折形、凸弧形、凹弧形等。我们形容山的形态美的语言有很多，如：挺拔险峻、层峦叠嶂、粗犷雄壮、凝沉厚重、山清水秀、奇峰突兀等等。无穷无尽的神奇美景是建筑风景画的绝好素材，我们能做的就是拿起手中的钢笔，尽自己所能，倾力去描绘。

此外，建筑形态、山的形态与建筑色彩之间存在着协调、对比的关系。我们知道，色彩对人的心理、生理都有一定的影响，建筑的配色除了与环境协调外，还应考虑到建筑的使用功能、朝向、建筑体积大小以及气候等多方面因素。一般来说，建筑墙面面积比较大的，应优先重点考虑配色，屋面、门窗要考虑与墙面色彩协调。总之，建筑的色彩搭配宜由美术设计师设计和操控。

山地建筑的景观作为一个体系，它的形态个性是以丰富形体变化为主题的建筑与自然景观融合的艺术，是空间造型艺术。

山地景观的规划是艺术规划，利用山势、山石去造景，根据山形环境来营造空中景观，立体绿化，增加景观的趣味性、观赏性。只有因地制宜，灵活而有度地处理好山地自然风景的形象美、色彩美，合理地利用原生态的山、石、植被等，才能创造出更加生动、风格独特的钢笔画。

3. 山水和谐在建筑画中的自然表现

自然界的山、水、植物、道路等都是空间艺术的组成部分。植物景观是我们精神和物质的需求，森林、草原是绿化的主体，高峻的山峰、青翠的草木、花香和鸟语等等这一切交织在一起构成缤纷多彩的世界。植物有形体的美、色彩的美及质地的美，不仅给人以勃勃生机和青春的活力，还丰富了景观艺术，对人的精神健康和生理健康都有很大益处。

建筑绘画是在自然环境的氛围中生成的。人们常说有山必有水，水是景观绘画重要的组成要素之一，水有着观赏性、趣味性，流水淙淙，给人以亲近自然的感觉。水的形态也是各不相同，有动态的美和静止的美，比如波浪的水、涡流的水、缓缓流淌的水，瀑布的水一泻千里、激流欢腾咆哮而下，平静的水清澈如镜，波光粼粼，花草树木的倒影五彩缤纷，给人以平静明洁、舒适惬意、轻松安逸的感觉。不同形态的水有着不同的绘画方法和技巧，至于哪种画法更有魅力，就需要我们在实践中加以分析和研究探讨。

4. 景观艺术创作与天人合一思想

景观艺术的创作，亦是景观形态的美，是水体、植物的质感美、建筑形体变化及色彩美，更是环境空间艺术组合的形式美。中国古

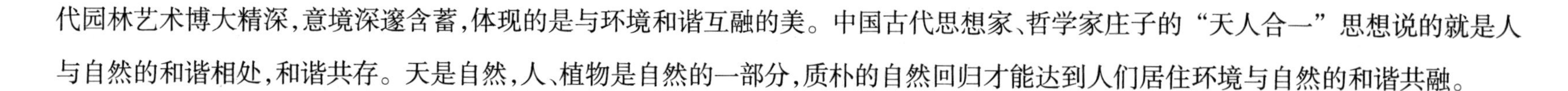
代园林艺术博大精深，意境深邃含蓄，体现的是与环境和谐互融的美。中国古代思想家、哲学家庄子的“天人合一”思想说的就是人与自然的和谐相处，和谐共存。天是自然，人、植物是自然的一部分，质朴的自然回归才能达到人们居住环境与自然的和谐共融。

三、建筑形态设计及影响建筑绘画的因素分析

建筑是由若干个不同功能的个体组成的有机整体，山地建筑和平地建筑一样，它的空间形式必须满足各种功能的使用要求，即符合经济、适用、坚固、美观等建筑原则。随着人类物质生活的改善，人们对建筑的审美也提出了更高的要求。

影响建筑风格的因素很多，但建筑功能基本决定了建筑空间的形态，也在一定程度上决定了建筑绘画的整体风格。比如：建筑形体造型对建筑空间的要求；山地建筑的所处的地形、环境，建筑结构的梁、板、柱等。形式美虽然有很多差别，但建筑规律是大同小异的，我们在创作钢笔画中要力求在变化中统一。只有这样，才能绘制出生动、形象的建筑钢笔绘画。

建筑风景画是以建筑为主体的绘画创作艺术，除此之外，山势、天空、河流、自然植被及色彩层次也是画面中吸引眼球的风景。建筑画所刻意描写的建筑的形象和环境都直接影响到画面的艺术性，建筑与山，包括层叠的山峦，起伏的山形，树木的层次、远近，都会直接影响到画面的艺术质量。一个好的建筑画应具有深厚文化底蕴和强烈艺术审美价值，建筑本身就是风景。

1. 地理自然因素

地理自然条件是山地建筑形态的直接影响因素。山地体现的就是原始的自然环境，几乎每块山地都有自己的特征，或急坡或陡坡、或山势平缓或山势陡峭。山地建筑只是人工行为的产物，建筑形体变化不仅仅是其功能的内在反映，也是与地形、地貌相融合而产生的。因此，山地建筑根据不同地形会有不同的处理方式，建筑的形态也会产生不同的变化，我们在实际的建筑设计中更能清楚地体会到这一点。

通常来讲,竖向设计是地貌后来变化的因素之一,三维立体规划是设计过程必要的手段。我们在进行山地建筑钢笔画创作时,要尽可能地采用三维仿真模拟,力求做到真实、准确、有效。只有这样,建筑钢笔画才能为建筑设计提供确切的数据。因为设计画中对建筑功能的分析直接涉及到对地形的处理方式,也会影响到建筑形态,因此地理自然因素与设计因素、建筑形态都有着直接、必然的联系。

2. 社会人文因素

山地建筑在正常情况下会直接受到社会人文因素的影响,因为任何建筑都是社会的组成部分,文化背景离不开社会,不同历史时期的审美艺术价值观念都会对其有不同的影响,某一时期的政治经济、宗教信仰、科技水平、地域气候等也会对建筑风格起到制约或促进的作用。

中国是拥有 56 个民族的人口大国,地域文化、民族宗教及传统的民族建筑艺术风格都不尽相同,各有特点。比如：中国古建筑的大屋顶、寺庙、宫殿、坛塔, 北京的四合院, 云南和广西等地的民族建筑,都反映出浓郁的民族特色。建筑作为文化的重要组成部分,在历史的长河中,不可能脱离社会背景、意识形态、伦理道德、风俗习惯、经济条件等,而这些都会对建筑艺术产生重要的影响。

此外,国家的政策、行政审批时主管部门的一些规定要求,如开发用地面积、容积率、建筑红线、建筑风格、层数高度的限制、日照时间等诸多因素都直接影响着山地建筑的设计。

3. 设计者的主观能动因素

在建筑设计艺术中,设计者的主观能动因素也非常重要。当前,我国建筑界有着良好的建筑创作环境和机遇,建筑师可以有所作为,不断地深入研究、勇于探索和追求,提高自己的建筑创作水平、设计质量及艺术素养。通过我们不断的努力创新,一定可以绘制、建设出更好的山地建筑艺术作品。

4. 技术因素

近些年,我国建设事业迅速发展,建筑事业、建筑材料工业水平等都有了很大的提高,新技术、新材料的涌现也为我国城市化建设提供了广阔的发展前景。部分传统的建材已不能满足建设事业发展和人民健康生活的需求，因此山地建筑也要结合所处地域的具体情况，积极广泛地应用绿色建材，进一步提高建筑的科学技术水平。

在山地建筑设计前，要对山地进行全面系统的考察、了解和分析，探讨山地建筑具体功能要求的可行性。由于山地地形地貌复杂，建筑的选址十分重要，因此对于总图设计的建筑定位、管网、道路布置及竖向设计一并研究出具体方案的可行性，切不可走马观花，草率从事。

山地建筑总体布局是一项重要的前期工作，在满足使用功能的要求下，要尽量做到经济合理。山地建筑的景观形态是利用原始自然山地的地形、地貌进行改造的环境艺术、景观艺术，治理山地要在可能的条件下因地制宜，充分利用山地、山形，疏通河汊沟渠，保护原始植被，且不可大动干戈；同时尽可能地保留有利于规划建筑的坡地、平地，把不利于建房的陡坡、急坡等治理成缓坡、台地和缓坡地。

四、山地建筑建构形式对建筑造型的意义

山地建筑空间组合是在满足人们的需求功能、满足建筑艺术审美的要求下所形成的多变的空间。每栋建筑由于所在山地的位置、坡度、环境不同，导致它的形体变化、结构体系也不尽相同。建筑功能的组合形式很多，平面组合的单一房间、多房间、排列式、串联式、集中式、分散式、线性式、组团式等等，不同的空间组合方式、容积的大小等因素都会引起建筑形体不同的变化，对建筑造型艺术有积极影响但同时也会带来消极一面，这种情况在建筑设计工作中是经常出现的，设计者要挖掘智慧，反复构思，在实际的设计中付出辛劳，就一定会取得满意的艺术效果。

山地建筑的空间组合更加复杂，如：悬挑式、吊层式、架空式、错层式等空间组合所形成的外部空间形态是建筑形态变化的重要

因素。各种构建形式产生不同的建筑外部空间形态，不同的形态带给人的感觉不同，对建筑造型有着不同意义。总之，山地建筑无论是内部空间、外部空间的变化都要以人为本，人性化建筑的艺术造型也要符合形式美的规律。

1. 山地建筑的建构方式

通常来讲，山地建筑常用的建构方式分地下式和地表式两种。

地下式：是指整体建筑位于地表以下，地貌不被破坏，优点是节能、冬暖夏凉，减少占用可耕地面积。

地表式：是指建筑的底面直接接触山地地面，强调立体空间处理。其接地处理方式有：筑台式、提高勒角式、错层式、跌落式、吊层式、悬挑式、架空式等。

（1）筑台式：开挖、筑填土基，形成台地，上部营造建筑。

（2）提高勒角式：是将建筑维护外墙调整为同一标高，一般用于缓坡地段。

（3）错层式：一般是在建筑的首层内设不同标高，一般用于缓坡地段。

（4）跌落式：当建筑纵长垂直于等高线布置时，把建筑分成若干段顺坡跌落，每段均为不同标高。

（5）吊层式：由于坡度大，建筑的首层地面以下层与山地地面接地。

（6）悬挑式：为扩大房间使用面积，楼层地面下部设悬挑梁，承接上部建筑。

（7）架空式：将建筑放置在首层下部的（室外透空）的柱子上。

总而言之，建筑的形态是建筑艺术，来源于生活，建筑设计、绘画的空间想象能力是建筑设计师必须有的职业责任，是永远的追求。

2. 坚持以人为本的原则

建筑功能的组合错综复杂，千变万化，但有一点是不变的，即以人为本，满足人的需求——人的物质要求和精神需求。山地建筑外部空间设计手法是多种多样的，建筑师往往有自己的处理手法和习惯，不同的建筑外部空间形态，当然会产生不同的效果，

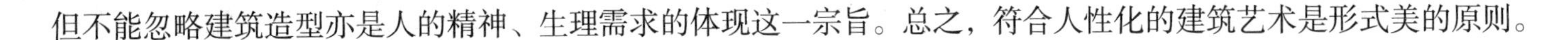
但不能忽略建筑造型亦是人的精神、生理需求的体现这一宗旨。总之，符合人性化的建筑艺术是形式美的原则。

五、山地建筑的钢笔绘画技法

1. 钢笔画的绘画工具及材料

钢笔画的使用工具因个人的习惯、爱好不同而有所不同，有蘸水钢笔、自来水钢笔、针管笔、中性笔等多种选择。

如今，一般钢笔画家、建筑师作画多使用自来水钢笔或中性笔。在 20 世纪 60 年代到 70 年代，建筑师作画多用针管笔或自来水钢笔，自来水钢笔的笔尖要圆韧，有刚性与弹性，不滞不涩，自然而流畅。使用中性笔绘画是近二十年的事情，常用的中性笔规格为笔尖直径 0.28cm ~ 1.0cm ，0.28cm、0.38cm、0.5cm、0.7cm 几种，用笔的粗细跟个人手法技巧和习惯有很大关系，0.28cm 的中性笔是会计的记账笔，画出的线条清晰、明确，只要用笔熟练是能够满足绘画要求的。

纸张一般使用素描纸、复印纸、光滑的铜版纸。生宣纸过于渗洇，线条无法排列组合，墨迹也不易干，容易弄脏画面，不提倡使用。熟宣纸可以用于线描的钢笔画。钢笔画用纸还要有选择耐刮的纸张，绘画的过程难免有时会画坏，可用刀片刮掉错误线条，普通的素描纸能承受刮二次，复印纸可承受刮一次，光滑的铜版纸可刮 3 ~ 4 次。

打小稿一般用铅笔，以 2H~4H 规格的铅笔为宜，太硬、太软的铅笔都不宜使用。

2. 建筑画形成的两种渠道

建筑写生及建筑设计表现图是展现绘画艺术修养和表达设计意图的基本手段。

（1）建筑写生画，即面对已建成的建筑实物及其环境进行的绘画，通过观察建筑的形体变化及空间构成，进行比例、尺度、透视等绘画技巧的练习，增加对建筑形体的分析能力、审美意识。

（2）建筑设计表现图，即人们常说的建筑效果图。它是一种具有创意的表现性质的绘画，是建筑专业一种直观的建筑设计方案表现方法，是用来比较、推敲设计方案，征求意见的展示手段，是建筑设计施工图的前期工作和必要过程。

上述两种绘画无论是哪一种，其共同特点是都要具有真实性，因为它们是未来建筑形成的重要依据。

设计者经常画建筑写生画对建筑设计创作大有好处。一方面，可以在提高艺术修养的同时加深对各种建筑形体变化的认知；另一方面又可以积累大量的创作经验，对建筑立体空间与平面功能相互的依存关系认识得更加透彻，对建筑形象的立意、构思等更为熟练。总之一句话，业精于勤。只有付出辛苦才能取得好的成绩。

3. 建筑透视的应用

画面中的建筑形象离不开透视，掌握透视的规律是钢笔画技法的基本功。

常用透视的种类有：一点透视、二点透视、三点透视和散点透视。

一点透视（平行透视）：只有一个灭点，也叫正立面透视，常用于室内和建筑主立面透视。

二点透视（成角透视）：即建筑与画面成一定角度，左、右的平行线分别消失在两侧，有两个灭点，两点透视是常用的透视方法。

三点透视（斜角透视）：高大建筑常用的透视方法，有三个灭点，左右各有一个灭点，建筑上空还有一个灭点。

散点透视：是钢笔建筑画、山水画常用的一种透视法，可以有多个灭点，散点透视多用于起伏多变的山峦以及城市、小区的鸟瞰图等。

学习透视首先要熟知基本原理及规律，了解透视的术语。一般在正式画透视图以前，先大概手绘一下建筑几何形体的形状，初步认识、熟悉后再选用透视种类。透视的术语有：画面、景物、视点、视高、视距、基线、视平线、视线、灭点等。有关透视的应用除了掌握基本的原理外，主要是熟练过程，需要多作图、多练习。有关透视理论内容很多，在这里不多赘述。

4. 山地建筑风景画的审美意境和技法

山地建筑风景钢笔画，所突出表现的不仅仅是建筑，还要对周围环境中的树木、山石有深刻的描绘。画面完整协调统一取决于画面组织，一般的画面有近景、中景、远景三个画面空间层次，处理方法各有不同，明暗调子变化对于形象、空间感起到重要作用。

（1）意境美

意境美是中国画传统美学的重要因素，中国山水画同古典诗词、书法、音乐一样强调意境，强调情与景交融的有机统一。艺术源于生活，山地钢笔建筑画的创作与其他建筑画一样，是建筑师、美术师在建筑设计和绘画的不断实践、摸索中提炼出的一种画法，是对建筑环境山水的深刻感受。山地建筑画所描绘的画面比起普通建筑画更注重山水环境。钢笔风景画的艺术特点是心神合一，技术与艺术的结合，实际建筑的存在不可能没有环境，没有山水的景观画面会呆板、枯燥、乏味。所谓诗情画意既是建筑与环境的和谐之美，又是意境幻化的蕴涵。

钢笔绘画中，重要的是对画面的感情及追求抒情写意和诗情画意，有了感情和追求才会有立意构思。画面组织要考虑的因素主要是所画内容的多少，层次的变化及重点部位的选择。对于建筑及山水景观而言，有主有次，有虚有实、有明有暗的色调的对比、比例、呼应、繁简、微差、均衡，都要在山地建筑画中有所体现，这就要求我们多观察、多勾画和分析。山水不仅仅是衬托，还要与画面中的建筑关系协调共融，因此，它的表现要生动、形象。山水环境是美化环境的升华，不仅仅是环境的简单美化，也是对山势、山形、花草、树木等形态美的组合，这些都要在山地建筑画中尽可能地表现出来。

（2）相关景观的画法

建筑绘画中的环境景观十分重要，比如松、柏、杨、枫、柳等树木在画面中要充分组织、协调，要有适当的位置。画树也要讲究一定的技法，有的树的体形比较高大，树干挺拔、弯曲各异，在绘画时就要注意树冠的大小、密集稀疏程度以及造型的优美、明暗阴影关系等。在背光阴影区内的树冠、树干宜画灰暗调子，并与亮调子相互呼应，表现适宜的层次感。草坪、树丛等植物的疏密、虚实、起伏及外观等也应有所表现。画面的近景要适宜细部刻画，姿态的开合、卷曲等都要尽量刻画得生动优美。对于各种植物的画法，重点是抓住植物叶子、树干性格等特点，重点描绘它们的质感。当然，质感的画法不能脱离实际，可以加些适当的夸张成分，但手法要简练，有

艺术性和个性。

绘制钢笔画时，对于环境中的山石细部刻画，如果完全用排线、点触或绞丝的方式去表现黑、白、灰，有时会显得生硬、呆板，要力求表现出山石的质感，刻画形体变化及纹理走向。细部的刻画要仔细观察其特征，表现出中国山石的灵秀之美，吸收借鉴中国画的墨分五色说法，焦、浓、重、淡、清手法灵活运用。画山石技法很多，但万变不离其宗，即是要表现出它的变化个性。画树、画石要反复练习，借用中国画的画法，如：斧劈皴、披麻皴、点皴、线皴就更加别具特色。中国画皴法是一种绘画用墨技法语言，多达几十种，尤其在画山石、树木时，通过墨线的组结，使结构、肌理变化得更为巧妙。

（3）点、线练习和组合

点、线的练习和各种排列组合是画钢笔画的重要基础。我国的钢笔画人才众多，建筑师、美术师、雕塑师、规划师、装修设计师等都在使用钢笔作画，钢笔手绘是绘画者最简洁的表达心声的语言，每个人的绘画技法、能力素质都是在不断的绘画中逐渐磨炼成熟的。只有不断地画，不断地努力学习，才能有所进步。

画建筑、画风景的表现手法多种多样，每个人都会逐渐形成自己的风格，而风格往往是由习惯决定的，和自己的专业密切相关。比如：建筑师作方案多，透视技法比较熟练、准确，作画时比较倾向于一些简洁画法，力求线条清晰、秀美、准确，建筑形体变化的轮廓、立体感、体积感的明暗光影、色调、质感等都要表现出来；规划师经常画平面布置艺术小品，画树丛、河流，山石就更熟练一些；装修设计师画室内透视多一些，天棚、墙壁、地面的装修及构造就比较熟练。绘画熟能生巧，这是很自然的事，每个专业都是如此。

绘画中，我们经常练习的基本线条有直线、曲线、斜线、波纹线、螺旋线等，线的不同块面组合训练十分重要，也是基础训练，在绘画中经常用到，对建筑画的创作具有适用意义。

块面的组合可以用多种线来练习，比如直线的水平、垂直线的组合、斜线、网线、各种弧形线、放射线、渐变线及各种点的组合等多种形式的混合应用，比如在画立方体、圆柱体、球体、锥形体等形体时表现明暗关系。

画面、画线乃是钢笔画最重要的造型的基础，也是表达建筑空间形象变化必不可少的基本功。在钢笔绘画过程中强调对各种画线的反复练习，从简到繁，循序渐进。点、线的运用手法是训练出来的，用笔的力量有轻重、快慢，用笔的线触、顿挫及点触都要应用自如。要做到得心应手、纯熟自然、笔法多变而不滞不涩，就要经常练习。

（4）建筑钢笔画的几种绘画方法

白描法：是古老的线描的简洁画法，是国画写意、工笔画的一种造型技法。白描法注重线条流畅、讲究笔触，熟练后，变化手法会产生更好的艺术效果。在实际绘画实践中要经常练习、不断摸索。速写也是白描的一种方法，是一种概括性画法，细部只刻画重点部位。

综合法：除了轮廓线外，在建筑形体变化处，描绘出空间关系，利用线条的组合、排列表现出明、暗色调，对建筑或其他静物能够表现出立体感的效果。

无外廓线法：建筑或静物不画或局部少画外廓线，是以排线表现明暗光影、质感、色感的表现手法，以面表现为主。此种画法的空间感强烈，表现力丰富。绘画时排线要准确，要事先打好草稿。

钢笔淡彩画法：用钢笔线条勾勒轮廓，再用彩铅或水彩施以颜色，简洁明快，表现力强，绘画时注意明暗关系、细部构造及层次变化。

总而言之，画山地建筑钢笔画首先要把握好画面主次关系，建筑的位置、角度，透视方法及视点高度，地平线位置、画面内的内容等都反复勾画、推敲，比较复杂的地形对建筑造型有重要影响，整体形象的变化要统一考虑，明暗关系直接影响画面效果。绘画不能脱离建筑实际的形体构成，作画时要仔细观察建筑形体的立面、侧面、高度、比例、尺度等诸多形式美的要素。山地建筑画追求的是真实的效果，作画时要具体问题具体分析，灵活应用，也可以多画几个方案作比较来确定。

六、景物写生作品讲析和范画

景物写生能培养对景物的观察能力、分析能力和审美能力，提高绘画水平，是景物绘画技术创作的必经之路。

① 取景：写生取景通常是要有个取景框，选择你认为最好的景区，移动取景框，边走边看，直到满意为止。当然，取景前要对景区进行仔细观察，对景区内的景物要经历初步认识、逐步分析和深入了解三个阶段，比如树木、山石、草地及景区外的环境，都要认真观察仔细。取景是构图前重要的准备工作，取景时也要思考如何构图。

② 视角：是指观察景区时是俯视、平视还是仰视。同一个景区，绘画者站在不同的视高、不同的平视角度时，完全会有不同的效果。视距即视点的位置，动脑分析一下画面的取景是近景、中景还是远景，中景、近景对景物要刻画的详细，远景用笔要轻，表现出近实远虚的层次感和空间感。

③ 构图：构图是绘画者重要的基本功，可以是多种多样的，首先，用铅笔在画面上勾出大体轮廓，仔细观察树木、山石、草地等位置是否适当，再观察山石的大小，树木的品种、高矮等形态特征。

构图也是画面的组织工作，一幅优秀的绘画作品必须有好构图。要知道，我们选景、取景并非是完美无缺的，要有所取舍，舍弃画面中繁琐杂乱、缺少生气的东西，保留住吸引眼球的精华部分。

画面要体现主题，对主体部分要重点烘托，加以强调和重点描绘，主次要分明，注意画面中景物的互相关联呼应，形成一个形象完美统一、具有感染力的画面。

④ 树的画法：在一般情况下，树是画面中重要景物。树由树干、树枝、树叶、树根组成，品种很多，形态各有不同，以柳树、松树、梧桐树、杨树举例：柳树的树干大多状弯弯曲曲，状如游龙，枝条柔软下垂，随风飘逸，体态妩媚，树叶状如剪刀；松树的树干挺直苍劲，

有顶天立地之气概，其叶形如针状；梧桐树高大挺拔，树枝多曲横生；杨树挺拔直立，枝叶苍翠。

要画树首先要了解树，观察树的全部，首先要看看树的大体轮廓，树冠、树干的受光部分和背光部分的对比关系，阴影区域的范围。进入绘画阶段后，要先刻画树干和树根部分，再画树叶，要画出树的特性和特点，比如树干的形体变化、弯曲走向、节结、树瘤、树干表面的纹理粗糙感等。画树干、树根笔触要适当重些，略有粗壮之感。

树叶的画法要分近景、中景和远景，中近景的树叶宜根据明暗区分层次、色块，局部明亮之处可明确绘出叶片形状。远景的树叶采用概括性画法，不宜绘出全部树叶。画树叶要力求用笔轻松自如，笔线排线刚柔有度，疏密有致，有虚有实，逐步掌握其规律。

总而言之，多学多练才能画好树。

⑤石头的画法：首先要对石头的形态变化、规格大小、颜色、特点及周边景物进行仔细观察，石头的造型关系到整个画面构图的艺术处理，因为任何画面中的石头都是主角之一。

中国山水画向来对石头的画法有讲究，常用各种皴法画石，尤以披麻皴、斧劈皴、折带皴为多见，以表现出石头整体形象的真实感、立体感、质感和苍劲感。

钢笔画源自西方国家，强调空间感写实，技巧及处理手法，与中国画有所不同，钢笔画采用皴法画石本身是一种借用的表达手段。画石用笔画线能更加形象，用笔时要快慢适度，在绘画落笔前宜打小稿，先刻画出阴影区，形态变化和大致走向，再进行仔细刻画。

⑥水的画法：水的画法有多种，静止的水和动态的水画法有所不同，即便是动态的水也不尽相同，波涛汹涌的水和细波微荡的水各有各的画法。

画水前要仔细观察水的动态规律，落笔前尽可能多多练习，如水波纹走向、浪花的大小等等。水给人清雅之感，动态奇妙，所以画水既要形似，又要神似。绘画时要先将水面以上的景物用铅笔勾勒出来，并预留出水面位置及水草或倒影的位置，拉动线条要形态自

然、柔和流畅,轻重、快慢自由掌握。一般不宜用粗线条画水,切忌用笔时用力顿挫。

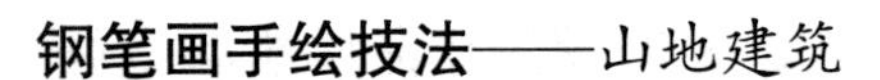

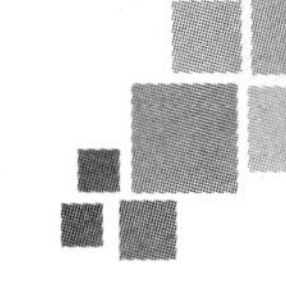

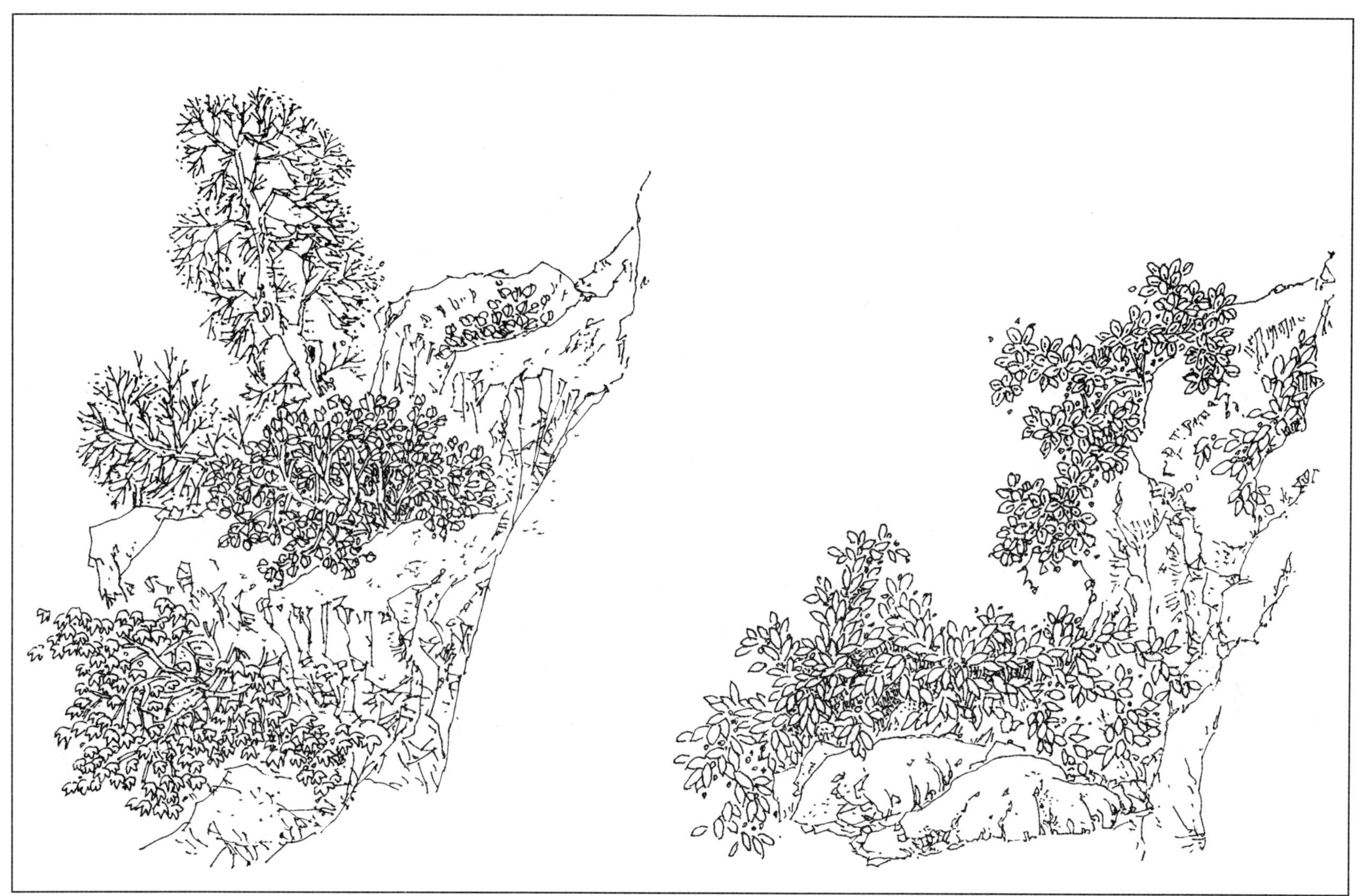

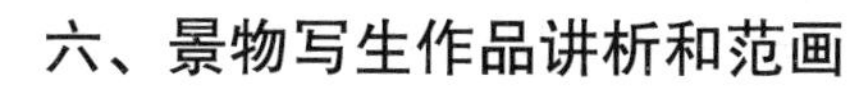

七、优秀山地建筑实例范画

林区别墅（一）

林区别墅(二)

林区别墅(三)

林区别墅(四)

林区别墅(五)

林区别墅(六)

林区别墅(七)

林区别墅(八)

林区别墅(九)

林区办公楼（一）

林区办公楼（二）

林区办公楼(三)

林区某商店

林区某酒店

林 区 民 宅

林区文化站

林区旅馆(一)

林区旅馆(二)

林区旅馆(三)

林区旅馆(四)

林区旅馆(五)

林区招待所(一)

林区招待所(二)

林区招待所(三)

林区餐馆(一)

林区餐馆(二)

林区综合楼（一）

林区综合楼（二）

林区休闲活动楼

林区商店、旅馆

林区旅馆、饭店(一)

林区旅馆、饭店(二)

林区会馆

山村旅店(一)

山村旅店(二)

山村旅店(三)

山村旅店(四)

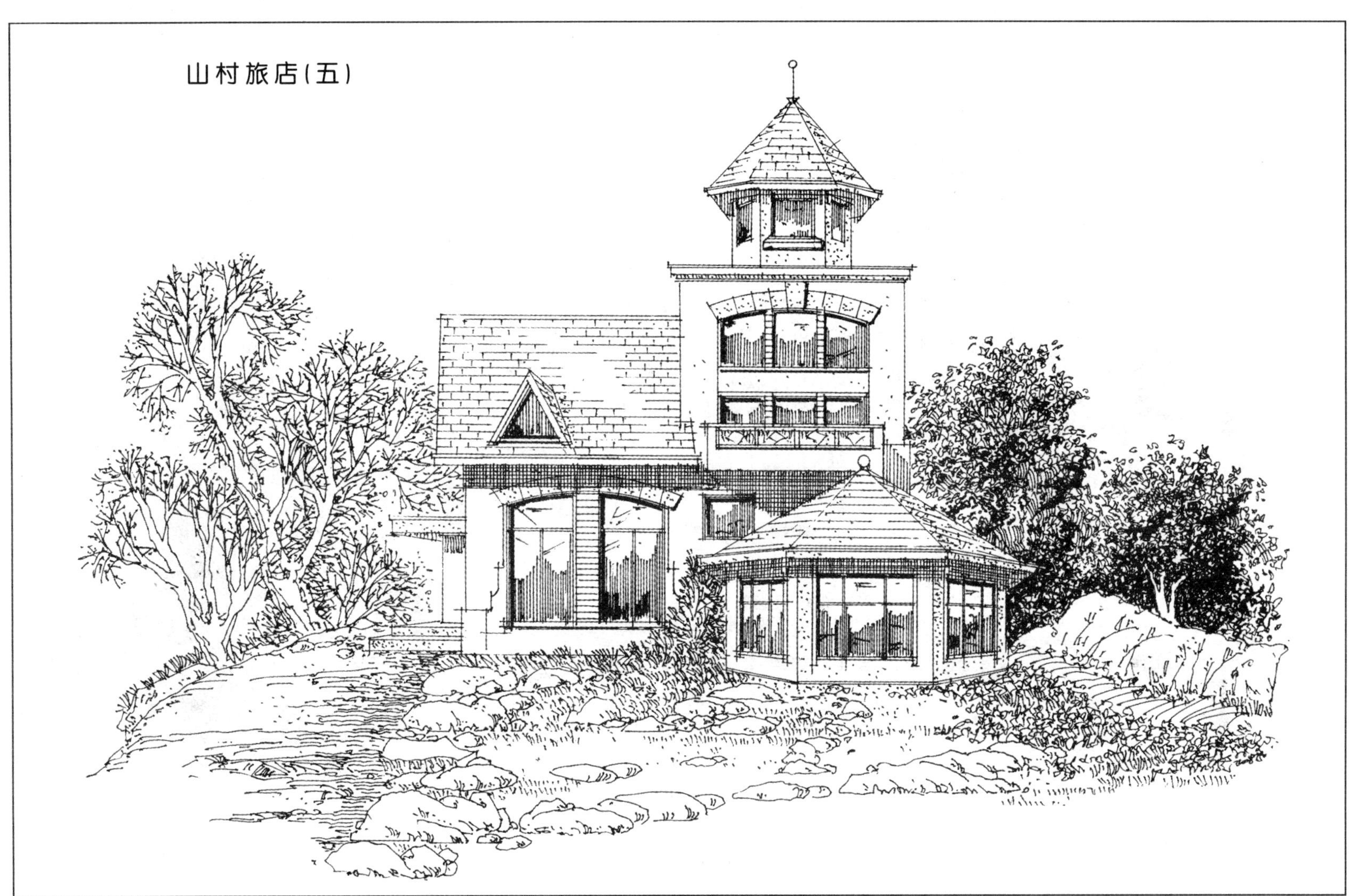

山村旅店(五)

山村旅店(六)

山村旅店(七)

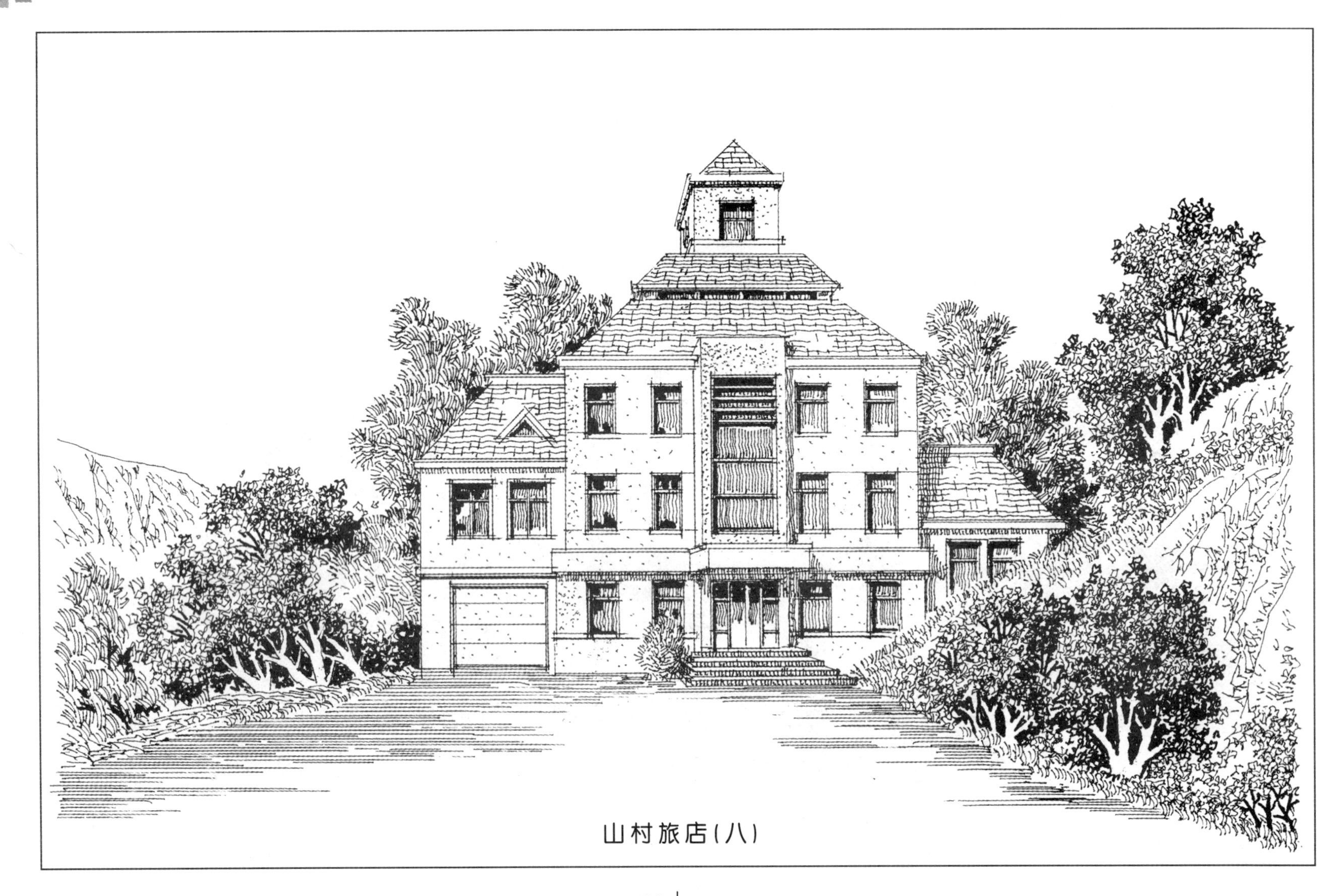

山村旅店(八)

山村小商店(一)

山村小商店(二)

山村民居(一)

山村民居(二)

山村民居(三)

山村民居(四)

山村民居(五)

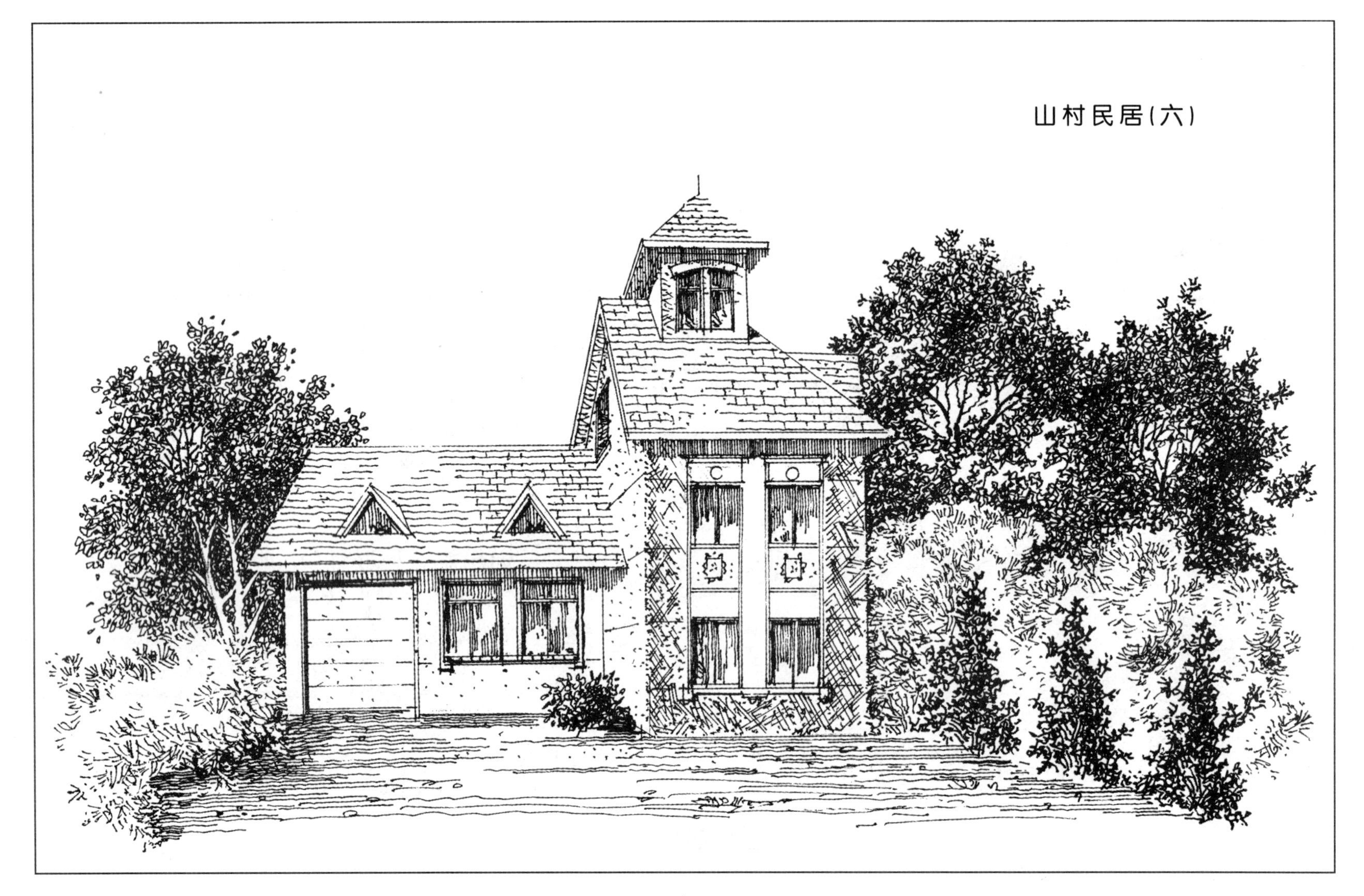

山村民居(六)

山村民居(七)

山村民居(八)

山村医务所

山村农技培训楼

山村活动室

山村综合楼

山村民宅楼

山村小饭店

山村旅馆、饭店(一)

山村旅馆、饭店(二)

山村旅馆、饭店(三)

山村旅馆、饭店(四)

山村别墅(一)

山村别墅(二)

山村别墅(三)

山村别墅(四)

山村别墅(五)

山村别墅(六)

山村别墅(七)

山村别墅(八)

山村别墅(九)

山村别墅(十)

山村别墅(十一)

山村别墅(十二)

山村别墅(十三)

山村别墅(十四)

山村别墅（十五）

山村别墅(十六)

山村别墅、旅馆（一）

山村别墅、旅馆(二)

山村别墅、旅馆（三）

山村餐馆、民居

山村小楼（一）

山村小楼(二)

山村小楼（三）

山区办公楼

山区酒店（一）

山区酒店（二）

农家民宅(一)

农家民宅(二)

农家民宅(三)

北欧民宅（一）

北欧民宅(二)

北欧民宅（三）

北欧民宅(四)

北欧民宅（五）

北欧民宅（六）

北欧民宅（七）

北欧某街道一隅

北欧某小商店

海林农场客运站

伊春林区小楼

杭州街区办公楼

杭州郊区民宅

杭州郊区会所

大连开发区
东山观望塔

青岛基督教堂

四方山农场、养殖场试验办公楼

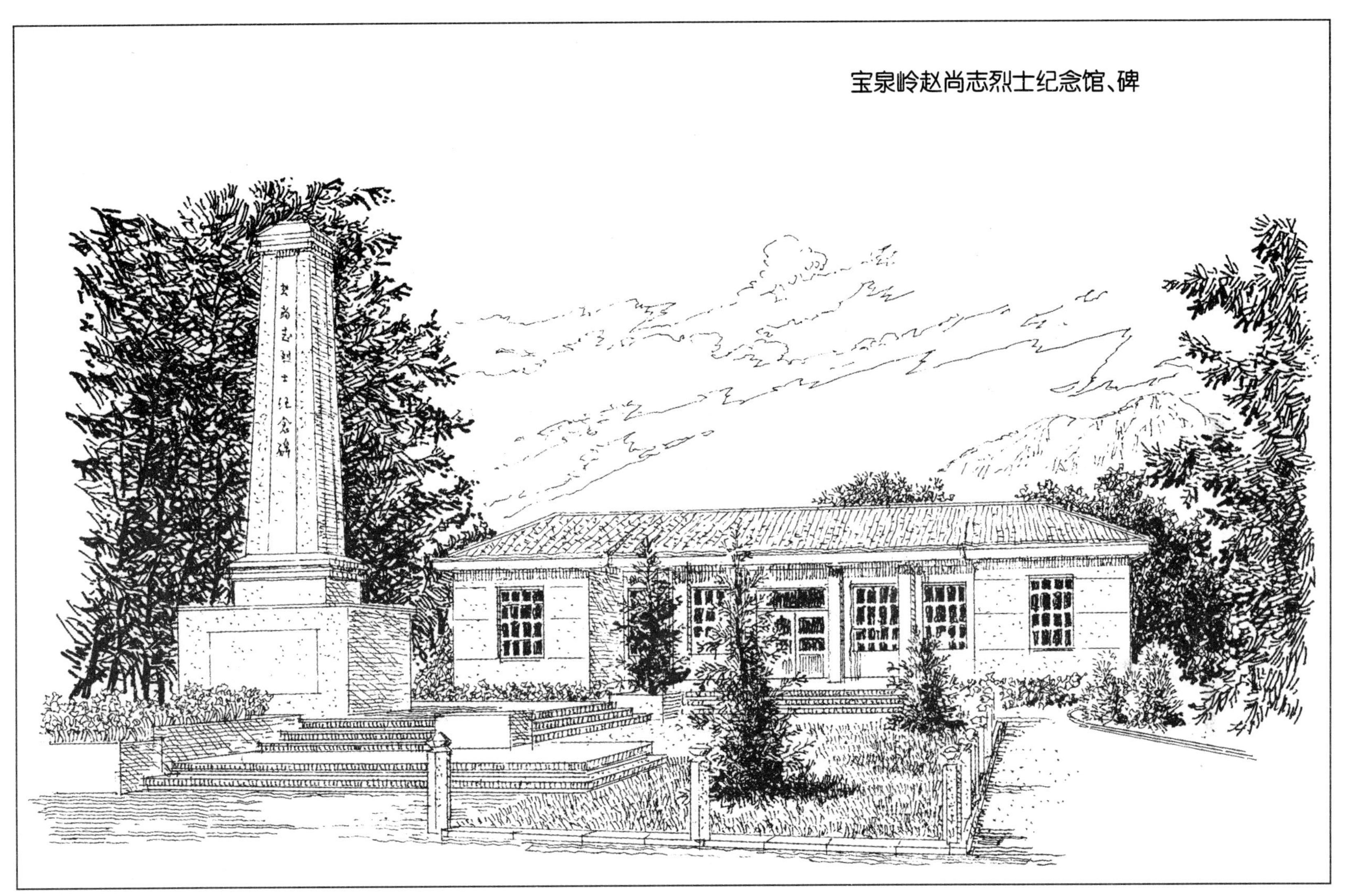

宝泉岭赵尚志烈士纪念馆、碑

后 记

山地建筑风景画的创作离不开收集素材、资料。收集资料的工作比较辛苦,但是十分重要。收集方法无非是走进大自然,到现场去,把需要的资料、素材用笔、用相机记录下来,相关重要的资料做得越细越好。但我们收集的资料、图片或场景写生很难十分完美，要创作理想效果的画面就要对图片、场景不断的推敲、取舍、删减和精炼。我完成这本书用了近三年的时间，本书的资料收集和整理是在许多同事、朋友的鼓励和帮助下完成的，在这里我对苏士敏、李心怡、陈广、李真茂、陈宇、邵力等多人对我的帮助表示衷心感谢。此外,我的同事武文信、陈静范、王凯、武大远等同志在建筑透视、画面取舍、文字校审等方面提出了许多宝贵意见，在此一并感谢！

陈恩甲